Suharda Ranasinghe

Importância e Aspectos Sócio - Económicos do Tratamento de Águas Residuais

Suharda Ranasinghe

Importância e Aspectos Sócio - Económicos do Tratamento de Águas Residuais

ScienciaScripts

Imprint

Any brand names and product names mentioned in this book are subject to trademark, brand or patent protection and are trademarks or registered trademarks of their respective holders. The use of brand names, product names, common names, trade names, product descriptions etc. even without a particular marking in this work is in no way to be construed to mean that such names may be regarded as unrestricted in respect of trademark and brand protection legislation and could thus be used by anyone.

Cover image: www.ingimage.com

This book is a translation from the original published under ISBN 978-620-2-01463-2.

Publisher:
Sciencia Scripts
is a trademark of
Dodo Books Indian Ocean Ltd. and OmniScriptum S.R.L publishing group

120 High Road, East Finchley, London, N2 9ED, United Kingdom
Str. Armeneasca 28/1, office 1, Chisinau MD-2012, Republic of Moldova, Europe
Printed at: see last page
ISBN: 978-620-7-69464-8

Índice

Agradecimentos

O título do projeto de investigação é "Investigação sobre a importância e os aspectos socioeconómicos do tratamento de águas residuais

Consegui obter a ajuda e o apoio de muitas pessoas e fontes. Gostaria de agradecer especialmente aos seguintes membros,

■&. Dr. S. K. Weragoda pelo encorajamento e motivação fornecidos

^ Eng. (Sra.) Charuni Wijeratne (docente do módulo Projeto de Investigação em Engenharia Civil)

^ Pessoal e coordenadores do campus

A todos os engenheiros e pessoas relevantes no sector que me ajudaram de várias formas para conseguir um bom resultado.

Os meus familiares e amigos pelo seu apoio e encorajamento contínuos

Obrigado a todos.

Introdução

Resumo

Apesar de existirem muitas investigações e dissertações realizadas no domínio da WWT no Sri Lanka, há ainda uma grande necessidade de mais trabalho no país. É importante criar e desenvolver novas estratégias sobre a forma como o WWT pode ser efectuado de uma forma mais eficaz e adequada à comunidade do Sri Lanka.

Esta dissertação baseia-se em problemas de investigação específicos identificados que precisam de ser investigados, os dados recolhidos e analisados. As questões de investigação são as seguintes,

1.	A WWT é importante?

2.	Quais são os aspectos socioeconómicos da WWT?

A água e as águas residuais são uma área-chave no desenvolvimento de infra-estruturas, que está atualmente a ganhar destaque no Sri Lanka. Muitas empresas de construção e de infra-estruturas no Sri Lanka estão a concentrar-se e a dar mais atenção ao mesmo. Isto inclui também a empresa e o departamento a que estou ligado. Há 2 ou 3 anos atrás, as estradas e auto-estradas eram a grande prioridade no Sri Lanka. Agora, o país e a comunidade estão a avançar para a água e a WWT. O âmbito destas duas áreas aumentou, uma vez que o Sri Lanka enfrenta atualmente uma situação de escassez de água. Há muitas empresas de construção locais e internacionais que estão muito interessadas em entrar nesta área. Por conseguinte, existem muitas agências de financiamento que estão prontas a conceder financiamento a estes projectos em qualquer altura.

"À medida que as águas residuais se tornam um recurso fundamental nos próximos anos, a questão não será a de saber se se deve reciclar as águas residuais, mas se existe uma alternativa para não reciclar" (Devi *et al*, 2007)

A investigação foi efectuada através da distribuição de um questionário na comunidade e da análise dos dados obtidos a partir do mesmo. Foram realizadas entrevistas e discussões com especialistas envolvidos no domínio das TSA, a fim de obter uma compreensão e um conhecimento aprofundados sobre a importância e os impactos das TSA. Isto proporcionou uma visão mais profunda da questão do que o inquérito por questionário, que tinha limitações no fornecimento de pormenores e informações. A secção "Water Balancing for House Hold level" é uma informação adicional, que servirá para um estudo mais aprofundado sobre a forma como a água pode ser poupada e utilizada a nível doméstico, para que os ocupantes possam contribuir para resolver o problema da crescente escassez de água no mundo.

Glossário de termos

N.º de ref.	Abreviatura	Descrição
1	WW	Águas residuais
2	WWT	Tratamento de águas residuais
3	ETAR	Estação de tratamento de águas
4	R & D	Investigação e desenvolvimento

Capítulo 01 - Introdução

Introdução

A investigação realizada incidiu sobre a importância e os aspectos socioeconómicos da WWT. Foi efectuada através de entrevistas, de um inquérito por questionário e de visitas ao local. Foi feita uma análise literária detalhada sobre o assunto e foram recolhidos muitos factos importantes.

Objetivo

O objetivo da investigação era identificar a importância e os aspectos socioeconómicos da ETAR, tendo em conta a importância da ETAR.

A construção de uma ETAR está a ser feita com muito entusiasmo na comunidade, uma vez que o mundo está a caminhar para uma grave crise de água. Por conseguinte, o objetivo desta investigação era identificar a importância da ETAR, tendo em conta os aspectos socioeconómicos da mesma.

Objectivos

•	Objetivo 1 - Identificar a importância da WWT através da análise de dados e informações recolhidos junto da comunidade e de pessoas relevantes envolvidas no terreno.

•	Objectivos 2 - Analisar os aspectos sócio-económicos da WWT através da análise dos dados obtidos a partir de um inquérito por questionário detalhado na comunidade.

Capítulo 02 - Importância e aspectos socioeconómicos do tratamento de águas residuais

2.1. Águas residuais

2.1.1. Introdução

Como mostra a figura 2.1, o mundo está a caminhar para uma grave crise da água.

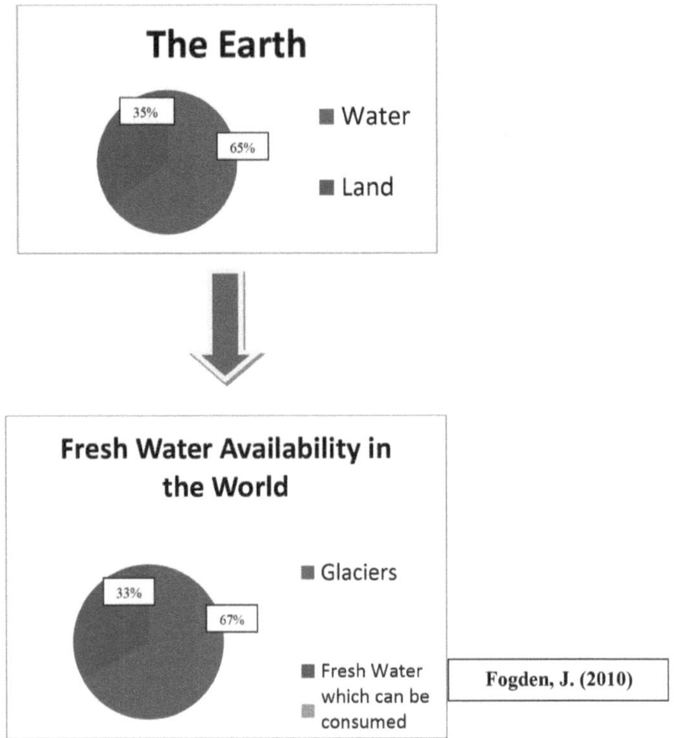

Figura 2.1 - A disponibilidade de água doce no mundo

Segundo a literatura, a água é um composto de duas partes de hidrogénio e uma parte de oxigénio. Esta afirmação é considerada verdadeira apenas para a água no seu estado puro. A água que consumimos contém muitas impurezas e substâncias.

√ "Numa sociedade urbana em desenvolvimento, a produção de água potável é, em média, de 30 a 70 metros cúbicos por pessoa por ano." (Jhansi e Mishra 2013) - Esta afirmação revela a quantidade de água que está a ser utilizada pelos seres humanos.

2.1.2. Composição recomendada da água

De acordo com a norma SLS 614:1985, parte 1, as características da água são as seguintes (Quadro 2.1)

Tabela 2.1 - Composição da água

Número de série	Substância das características	Nível máximo desejável para a água potável	Nível máximo admissível para a água potável
1	Gama de pH	7.0 - 8.5	6.5 - 9.0
2	Condutividade eléctrica	750 µs / cm	3500 µs / cm
3	Cloreto	200 mg/l	1200 mg/l
4	Fluoreto	0,6 mg/l	1,5 mg/l
5	Dureza total	250 mg/l	600 mg/l
6	Sulfato	200 mg/l	400 mg/l

Esta investigação incide sobre a importância e os aspectos socioeconómicos da WWT.

Seguem-se algumas definições de WW e WWT.

S A Water Reuse Association (Associação para a Reutilização da Água) define água reutilizada e reciclada como "água que é utilizada mais do que uma vez antes de voltar ao ciclo natural da água". (Jhansi e Mishra 2013)

S "Um planeamento e uma gestão deficientes podem não só acarretar riscos elevados para a saúde e o ambiente, mas também resultados económicos e sociais indesejáveis." (Ozerol e Gunther, 2005)

J *Sugere-se* que a avaliação das técnicas de irrigação com águas residuais tratadas deve considerar os seguintes aspectos: (Ozerol e Gunther, 2005)

- Custo da irrigação

- Custo do tratamento

- Nível de WWT necessário

- Eficiência na utilização da água

- Riscos para a saúde

- Custo de distribuição

J "Por conseguinte, a WW tem de ser reclassificada como um recurso hídrico renovável e não como um resíduo, uma vez que ajuda a aumentar a disponibilidade de água e, ao mesmo tempo, evita a poluição ambiental" (Jhansi e Mishra 2013)

J "A água fornecida a uma comunidade recebe uma série de substâncias químicas e flora microbiana durante a sua utilização, de tal forma que a água adquire um potencial poluente e torna-se um perigo para a saúde e o ambiente." (Kumar *et al*, 2010)

Impurezas WW = Água que existia no ponto de consumo + impurezas que foram adicionadas devido à utilização da água

*   O afluente é a água usada não limpa que entra na estação de tratamento.

*   O efluente é a água tratada que sai da estação.

1.1.3. O que são águas residuais

WW é a água que foi utilizada mais do que uma vez e que é imprópria para consumo sem qualquer tratamento. A Figura 2.2 ilustra uma situação em que as águas residuais são libertadas para o ambiente sem qualquer procedimento de tratamento. Esta água residual é conhecida como afluente.

Figura 2.2 - Afluente WW

A água é um dos recursos mais valiosos do mundo, mas está constantemente ameaçada devido às alterações climáticas e à seca daí resultante, ao crescimento explosivo da população e ao desperdício (Jhansi e Mishra, 2013).

Quando a água é utilizada mais do que uma vez, é considerada como água residual. Seguem-se alguns dos constituintes da água residual, - Resíduos humanos - Produtos alimentares - Óleos e sabões - Produtos químicos - Água de banhos e banheiras - Escoamento de águas pluviais

1.1.4. O que é o tratamento de águas residuais

"A Water Reuse Association define água reutilizada, reciclada ou recuperada como "água que é utilizada mais do que uma vez antes" (Jhansi et al, 2013). Isto significa que o tratamento de águas residuais é o processo que tem lugar antes de voltar ao ciclo natural da água. O principal objetivo e abordagem do tratamento de águas residuais é remover as substâncias nocivas e inadequadas das águas residuais e levá-las a uma fase em que possam ser reutilizadas ou emitidas para o ambiente. A figura 2.3 seguinte mostra uma estação de tratamento de águas residuais industriais construída na Omega Line Ltd - Sandalankawa, por uma empresa de WWT bem conhecida no Sri Lanka.

Figura 2.3 - Estação de tratamento de águas residuais

O tratamento primário remove cerca de 60% dos sólidos suspensos na ETAR e o tratamento secundário remove cerca de 90%. Se as águas residuais forem utilizadas para fins de consumo, os métodos de tratamento avançado também devem ser adaptados.

O tratamento das águas residuais é um método de poupança e reutilização da água. É necessário que, mesmo que as águas residuais não voltem a ser utilizadas, sejam limpas até certo ponto antes de serem libertadas para o ambiente. Se os resíduos e as águas residuais não forem limpos e tratados antes de serem libertados para o ambiente, são considerados como um enorme fardo para o ambiente. As estações de tratamento tratam a água residual e colocam-na numa posição em que pode ser reutilizada ou libertada para o ambiente

1.1.5. Composição química das águas residuais

A WW contém muitos produtos químicos e microorganismos que a tornam imprópria para utilização e consumo. Alguns dos produtos químicos presentes na água do mar são o azoto, o fósforo, etc. A quantidade de oxigénio dissolvido na água residual também diminui, tornando-a um ambiente inadequado para os animais que nela vivem. As águas residuais normalmente encontradas são provenientes de indústrias e fábricas, que são altamente ácidas e devem ser bem tratadas antes de serem descarregadas no ambiente. A composição química da água residual tem influência no tipo de tubagem e noutros acessórios utilizados para o transporte da água residual. Por conseguinte, deve ter-se o cuidado de identificar e medir corretamente a composição química da água residual.

Produtos químicos

Seguem-se alguns dos produtos químicos importantes.

Hidrogénio

A concentração de hidrogénio ionizado é o valor do pH de uma substância ou de um líquido.

Oxigénio

O oxigénio dissolvido nas águas residuais é utilizado por peixes ou animais que necessitam de água e oxigénio para viver. A quantidade de oxigénio dissolvido indica a quantidade de oxigénio nas águas residuais. Se a quantidade de OD for elevada nas águas residuais, a quantidade de microrganismos gerados também aumenta.

Nitrogénio

O azoto dissolvido na água e na água residual resulta no crescimento de algas e de outras plantas. O azoto total na água pode ser medido.

De acordo com o Departamento de Cooperação Técnica para o Desenvolvimento das Nações Unidas, a composição química do WW é a seguinte (Quadro 2.2),

Tabela 2.2 - Composição das águas residuais

Constituinte	Forte	Médio	Semana
Sólidos totais	1200	700	350
Sólidos dissolvidos (TDS)	850	500	250
Sólidos suspensos	350	200	100
Nitrogénio	85	40	20
Fósforo	20	10	6

Cloreto	100	50	30
Alcalinidade	200	100	50
Massa lubrificante	150	100	50
CBO	300	200	100

1.1.6. Características físicas das águas residuais

As características físicas da água residual são importantes para a conceção da ETAR, das condutas e dos acessórios. A temperatura, o odor, a cor e os tipos de sólidos são as características físicas da água residual. Se a temperatura da água residual for elevada, pode ter um impacto negativo nas tubagens e nos acessórios do sistema de tratamento. Por conseguinte, terá de ser incorporado um sistema para diminuir a temperatura.

Temperatura

A maioria dos organismos tem uma temperatura específica em que pode sobreviver. Por conseguinte, a diferença de temperatura na WW tem efeitos sobre os microrganismos e as características biológicas da WW. A temperatura é medida utilizando termómetros aceitáveis.

Sólidos

Os sólidos totais dissolvidos (TDS) são uma medida importante da água residual e devem estar dentro dos limites aceitáveis. A turvação da água depende também dos sólidos dissolvidos na água. A salinidade da água mede a densidade e a condutividade da água, que também depende dos sólidos dissolvidos na água.

1.1.7. Características biológicas das águas residuais

Seguem-se algumas das principais características biológicas encontradas na WW.

- Bactérias

- Vírus

- Parasitas

- Formas de Coli

- Fezes de animais

- Folhas secas

- Microorganismos

- Agentes patogénicos

- Partes de animais mortos

2.2. Tratamento de águas residuais

2.2.1. Objectivos do tratamento de águas residuais

Alguns dos principais objectivos do tratamento da WW para que esta assuma uma forma utilizável são os seguintes

- Prevenção de doenças transmitidas pela água e de doenças nocivas causadas pela WW

- Proteção do ambiente aquático

- Obter um ambiente mais sustentável

- Para tornar o ambiente mais bonito e agradável

- Para poupar água através da reutilização da WW

- Sensibilizar as pessoas para as utilizações da água e para a importância de a poupar

2.2.2. Procedimentos básicos de tratamento de águas residuais

Há três partes principais num sistema WWT. São elas a recolha, o tratamento e a devolução ao ambiente.

1. **Sistema de recolha:** Utiliza um grande número de condutas e túneis para transportar as águas residuais para a estação de tratamento.

2. **Sistema de tratamento:** Quando a água residual está na estação de tratamento, é submetida a vários processos para remover os contaminantes e outros resíduos.

3. **Regresso ao ambiente:** A água tratada é designada por "efluente". Depois de tratada, é devolvida ao ambiente para consumo dos ocupantes.

Seguem-se algumas das etapas da ETAR,

1st Passo - Rastreio

2nd Passo - Remoção de grão

3rd Passo - Escumação de óleo

4th Passo - Equalização

5th Etapa - Tratamento anóxico

6th Etapa - Tratamento tóxico (aeróbio)

7th Etapa - Clarificador

8th Passo - Filtro de areia rápido

9th Passo - Filtro de carvão ativado

2.3. Importância do tratamento de águas residuais

Desde que houvesse uma diluição suficiente que pudesse ser absorvida pelo ambiente, as pessoas não tinham de se preocupar com a eliminação dos resíduos sólidos urbanos. À medida que a quantidade de resíduos e a produção de água residual aumentaram, os métodos naturais de purificação não conseguiram lidar com o problema. A água residual é valiosa e há muitos benefícios potenciais, como o facto de o fluxo ser fiável, de os nutrientes da água residual aumentarem a produção agrícola e de poder ser utilizada em muitas indústrias geradoras de rendimentos (Outwater, Pamba e Outwater, 2013).

1.   A quantidade de água consumida pode ser minimizada até um certo nível, uma vez que a água tratada pode ser utilizada para os seguintes fins

*   Jardinagem

*   Lavagem de utensílios de cozinha

*   Utilizada como água de descarga de sanitas, etc.

2.   Se o tratamento for levado a níveis avançados, então a água pode ser utilizada também como água potável.

3.   O nível de pH, o COT e outros parâmetros da água podem ser recuperados até um certo ponto.

4.   A água limpa pode ser reutilizada, uma vez que existe apenas uma quantidade limitada de água limpa no mundo.

5.   A investigação e o desenvolvimento no domínio da WWT podem ser mais desenvolvidos poupando muito dinheiro, tempo, energia e recursos.

6.   Uma vez que a WW tratada não liberta gases ou produtos químicos nocivos, a saúde das pessoas está assegurada.

7.   A WWT pode eliminar contaminantes causadores de doenças e organismos nocivos. Isto protege os seres humanos e as plantas. Os métodos de tratamento podem ser

desenvolvidos de forma a obter uma água de melhor qualidade.

As vantagens gerais e os efeitos positivos da WWT são os seguintes É considerada como uma das partes integrantes da comunidade, uma vez que lida significativamente com a saúde e a higiene das pessoas.

Os efeitos negativos da WWT também podem ser negligenciáveis. Por exemplo,

A comunidade pode ser muito resistente ao odor que é causado quando a WWT é efectuada, etc. Mas o processo global é vantajoso para os ocupantes.

2.4. Estações de tratamento de águas residuais

2.4.1. Procedimentos básicos das estações de tratamento de águas residuais

As estações de tratamento de águas residuais são o próximo aspeto importante quando se considera o tratamento de águas residuais. Atualmente, no Sri Lanka, há uma grande margem para o tratamento de águas residuais e para as estações de tratamento de águas residuais. A figura 2.4 ilustra a estação de tratamento de águas residuais que foi construída pela Lalanka Water Management (Pvt) Ltd, uma empresa bem conhecida no Sri Lanka pela construção de estações de tratamento de águas residuais.

Figura 2.4 - Uma estação de tratamento de águas residuais

Segundo a literatura, a ETAR é o mecanismo utilizado para tratar as águas residuais de modo a torná-las novamente utilizáveis. Trata-se de uma estrutura industrial que é utilizada para tratar a água residual através de processos biológicos e químicos. Há muitas funções em que as ETAR são utilizadas. Seguem-se algumas delas,

S Estações de tratamento agrícola - Tratamento de resíduos animais dissolvidos na água, pesticidas e outras matérias orgânicas dissolvidas em águas industriais.

S Estações de tratamento doméstico - Estas estações de tratamento são concebidas para tratar as águas residuais domésticas. Por exemplo, resíduos humanos, líquidos e sólidos provenientes de banhos, cozinhas, lavatórios e duches.

S ETAR industriais - Os tipos de corantes, produtos químicos e outros resíduos sólidos são tratados através de ETAR.

Existem muitas técnicas e métodos que são utilizados para tratar os tipos de águas residuais acima referidos provenientes de diferentes zonas. Os mecanismos utilizados nas ETAR mudam, portanto, em conformidade. Em alguns casos, o mecanismo utilizado nas ETAR domésticas não é adequado para as ETAR industriais. Por conseguinte, deve ter-se cuidado para que o mecanismo seja selecionado de forma adequada e em conformidade.

2.4.2. Empresas e organizações no Sri Lanka que constroem estações de tratamento de águas residuais

*   Direção Nacional de Abastecimento de Água e Drenagem

*   Lalan Engenharia

*   Aqua Care Engineering (Pvt) Ltd

*   Empresa Nalco

*   Eco - Tech Industrial Solutions LTD

*   Uniken Lanka LTD

*   Sistemas de água Enviro

*   Lógica ecológica

*   Engenharia Unimech

*   Tecnologias Aqua

*   Tecnologias de tratamento de água

*   Enviromech Engenharia

*   Serviços laboratoriais Sri Lak

*   Laboratório Anala

*   Lindel Industrial Laboratories LTD

Os clientes exigem previamente uma proposta para uma estação de tratamento. A elaboração de uma proposta de ETAR não é uma tarefa fácil, pois consome muito tempo e exige conhecimentos técnicos específicos.

2.4.3. Empresas e organizações que já construíram ETARs

❖ MAS Fabric Park (Pvt) Ltd

❖ Noyon Lanka (Pvt) Ltd

❖ Prym Intimate Sri Lanka (Pvt) Ltd

❖ Ansell Lanka (Pvt) Ltd

❖ Indústria farmacêutica

❖ Lanka Floor Tiles PLC

2.4.4. Soltrim International (Pvt) Ltd

2.5. Impactos do tratamento de águas residuais na saúde

Existe um grande número de microrganismos patogénicos, incluindo bactérias, vírus e protozoários, que sobrevivem durante dias e semanas nas culturas que estão em contacto com a WW. A existência de tais agentes patogénicos e microrganismos conduz a um elevado risco para a saúde da comunidade. Por conseguinte, considera-se necessário seguir um conjunto de directrizes quando se utiliza água residual tratada.

As combinações de processos de tratamento anaeróbio e aeróbio são consideradas eficientes na remoção de poluentes orgânicos biodegradáveis solúveis (Awaleh e Soubaneh, 2014). Esta afirmação mostra que os processos de tratamento de águas residuais podem remover eficazmente os poluentes orgânicos da água.

Se a ETAR e as estações de tratamento não forem geridas e efectuadas de forma adequada, pode haver um impacto significativo na saúde da comunidade devido aos poluentes perigosos presentes na ETAR. Tal como referido na secção 6.2. Impactos ambientais do tratamento de águas residuais, é evidente que existe um risco elevado para os peixes, animais, aves e outros tipos de espécies que dependem da água. Os riscos que podem ocorrer devido às águas residuais e à água não limpa são os seguintes,

• Danos para os peixes e a vida selvagem.

• Restrições à utilização de água poluída.

• Problema na disponibilidade de oxigénio na água.

•   Quando os microrganismos e os detritos em decomposição absorvem o oxigénio da água, os peixes e a vida aquática não dispõem de água suficiente para sobreviver.

•   Quantidades excessivas de minerais e fertilizantes na WW causam eutrofização e crescimento de plantas que obstruem a entrada de luz solar na fonte de água.

•   Os compostos de cloro são tóxicos para os organismos aquáticos.

•   Os metais pesados, como o mercúrio, o arsénio, o cádmio e o chumbo, podem provocar doenças crónicas na comunidade.

•   Os produtos farmacêuticos, os produtos cosméticos e outras substâncias químicas presentes na WW podem causar danos graves ao ambiente e à vida aquática.

"A carga excessiva de nutrientes (considerando o azoto e o fósforo) é um dos principais tratamentos em curso para a água." (Carey e Migliaccio, 2009)

"Os aportes sustentados de fósforo e/ou azoto nos ambientes aquáticos conduzem a um aumento das taxas de eutrofização (Carey e Migliaccio, 2009).

Os problemas de saúde causados pelas águas residuais e pelas ETAR mal mantidas podem ser resumidos da seguinte forma,

J Riscos transmitidos pelo ar

J Produtos químicos provenientes de águas residuais e de ETAR

J Cria odores desagradáveis

J Risco de diferentes tipos de doenças (irritação ocular, depressão, infecções respiratórias e danos no sistema nervoso)

J Inalação de produtos químicos e outros gases tóxicos

"As indústrias químicas mundiais enfrentam grandes desafios em termos de regulamentação ambiental no tratamento dos seus resíduos sólidos urbanos." (Awaleh e Soubaneh, 2014) A maior parte dos constituintes dos resíduos sólidos urbanos que causam efeitos na saúde deve-se aos produtos químicos e aos seus produtos. Isto significa que a indústria química está a enfrentar uma série de problemas quando elimina os seus resíduos.

Seguem-se alguns dos domínios em que se deve ter especial cuidado ao utilizar as águas residuais e os produtos desenvolvidos com base nas águas residuais,

O risco para o consumidor é baixo quando,

•   As culturas desenvolvidas com recurso à WW não são diretamente consumidas pelos seres humanos. (Por exemplo, algodão, lã, seda, etc.)

•   As culturas, os legumes ou os frutos são secos, aquecidos ou cozinhados antes de serem consumidos. (Por exemplo, batatas, mangas secas, etc.)

•   Trabalhos de paisagismo e irrigação em zonas rurais e despovoadas.

O risco para o consumidor é elevado quando,

•   As culturas ou os produtos hortícolas são consumidos sem serem cozinhados ou fervidos. Nesse caso, o risco de os consumidores absorverem WW é elevado.

•   Se a WW for utilizada para fins de construção, sem qualquer tratamento, pode haver o risco de o betão não atingir as propriedades desejadas.

•   Se a WW for utilizada em parques públicos e recintos de jogos, a probabilidade de contacto da comunidade com os agentes patogénicos e microrganismos da WW é elevada.

√ Sistemas de água doce dos Estados Unidos (EUA), as ETARs empregam numerosos métodos físicos, químicos e biológicos para melhorar a qualidade da água do efluente, mas a remoção de nutrientes requer tratamento avançado e infraestrutura que pode ser economicamente proibitiva (Carey e Migliaccio, 2009).

√ O tipo de aplicação da reutilização da água dita o nível necessário de WWT exigido porque cada categoria tem restrições particulares relativamente à qualidade da água (Carey e Migliaccio, 2009).

Tal como referido na revista, Contribution of WWTP Effluents to Nutrient Dynamics in Aquatic Systems: A Review, identifica-se que o método e o nível de tratamento de águas residuais dependem da qualidade da água que se espera obter após o tratamento e do objetivo para o qual será utilizada. É necessário que, se a água tratada for utilizada para fins de consumo, seja também submetida a um tratamento avançado.

2.6. Aspectos sociais do tratamento de águas residuais

Tratar o WW é uma questão de cuidar do nosso ambiente, bem como de nós próprios e do nosso bem-estar. À medida que a WW se torna um recurso fundamental nos próximos anos, a questão não será se se deve reciclar a WW, mas se existe uma alternativa para não reciclar (DEVI *et al*, 2007). Esta afirmação mostra o enorme impacto social que afectará a comunidade no futuro. A quantidade de água doce disponível na maioria dos países de baixo e médio rendimento não é suficiente para satisfazer a procura crescente. Por conseguinte, identifica-se que a água residual municipal tratada se torna uma fonte suficiente de irrigação (Outwater, Pamba e Outwater, 2013).

Atualmente, antes de ser aprovado ou autorizado um projeto de construção de uma casa ou de um edifício comercial, deve ser prevista uma instalação adequada de resíduos/esgotos. Caso contrário, não é dada autorização para construir ou construir casas. Os moradores também devem estar cientes de como esses sistemas funcionam e como devem ser mantidos.

2.6.1. Porque é que é necessário

Esta é uma área de preocupação importante. Há muitas razões pelas quais a WW deve ser limpa e purificada.

1.   A água limpa é uma questão essencial para as plantas e os animais que vivem na água. Se não for fornecida água limpa adequada aos animais e às plantas, estes podem morrer e o que temos hoje não estará disponível para as gerações futuras.

2.   O Sri Lanka é um país que acolhe estrangeiros e turistas. Por conseguinte, é essencial que os nossos lagos, rios e o ambiente sejam mantidos limpos e bonitos para que a atração que os turistas sentem pelo nosso país não se desvaneça.

3.   A WW causa muitos problemas de saúde à comunidade, pelo que a WWT deve ser desenvolvida. É constituída por uma grande quantidade de bactérias e outros componentes nocivos.

4.   Muitas pessoas são atraídas por actividades relacionadas com a água, tais como a pesca, a natação e a navegação. Por conseguinte, é necessário que as fontes de água do país sejam mantidas limpas e puras.

2.6.2. Impactos ambientais do tratamento de águas residuais

No entanto, em países desenvolvidos como a Austrália, toda a água residual gerada é tratada de acordo com as normas da Agência de Proteção do Ambiente (EPA), antes de ser libertada na natureza (Devi *et al*, 2007).

A WWT reduz a quantidade de resíduos e de resíduos sólidos na comunidade, ao mesmo tempo que proporciona um ambiente limpo e amigável na comunidade.

A forma mais equitativa de lidar com as ameaças de doenças é através de modificações ambientais. Estas são as implicações mais sustentáveis e que duram um período mais longo. Exemplos de modificações ambientais são as lagoas de estabilização e as zonas húmidas construídas (Outwater, Pamba e Outwater, 2013).

Há também impactos negativos no ambiente. As ETAR também podem sofrer erros mecânicos e avarias que podem fazer com que estas estações de tratamento deixem de funcionar. Isto pode resultar em fugas e sobrefluxos nas ETAR devido à acumulação de água. Por conseguinte, é necessário garantir que as ETAR funcionem de forma correcta e eficiente, a fim de evitar inundações ou bloqueios.

2.6.3. Impactos sociais nos trabalhadores das estações de tratamento de águas residuais

S WW estão expostos a vários riscos relacionados com o trabalho (ABDOU, 2007).

Os problemas psicológicos são os problemas de saúde mais frequentes. A duração média do trabalho das pessoas que sofrem de problemas psicológicos é de 6,2 anos (ABDOU, 2007).

Os trabalhadores da *S* WWT enfrentam uma variedade de condições potencialmente perigosas no local de trabalho, incluindo a exposição a gases tóxicos, produtos químicos e riscos físicos (ABDOU, 2007).

J Devido à sua exposição diária e ao contacto com materiais biológicos, o pessoal da WW pode ter uma maior incidência de exposição potencial a agentes patogénicos do que o público em geral (ABDOU, 2007).

J Os programas de sensibilização são obrigatórios para os trabalhadores das ETAR, a fim de os motivar a usar vestuário e equipamento de proteção, a frequentar cursos de formação relacionados com o trabalho e a procurar supervisão médica (ABDOU, 2007).

J Além disso, os trabalhadores das ETAR devem ter programas de entretenimento e recreação. É necessária educação sanitária para os trabalhadores das ETARs, especialmente sobre acidentes, suas causas e prevenção (ABDOU, 2007).

J A utilização de ETAR municipais para a eliminação de resíduos industriais cria o potencial de exposição dos trabalhadores das estações de tratamento a compostos químicos perigosos que podem estar presentes nesses resíduos (ABDOU, 2007).

J Para proteger os trabalhadores da ETAR e as suas famílias, o pessoal deve usar EPI adequados e as estações de tratamento devem dispor de um duche para utilização após o trabalho no local (Outwater, Pamba e Outwater, 2013).

Os pontos-chave acima referidos destacam o impacto nos trabalhadores das ETAR. Diz-se que eles estão expostos a muitos riscos para a saúde. Isto deve-se ao facto de as águas residuais conterem muitas impurezas e outros componentes perigosos. É preciso ter cuidado para que, ao trabalhar com água e águas residuais, se usem EPI adequados e se tomem as precauções de segurança necessárias. Além disso, devido à exposição a resíduos e materiais residuais, a sua mentalidade é diferente da de qualquer outro trabalhador, pelo que este aspeto deve ser tido em conta.

Os programas de sensibilização na comunidade para as pessoas que utilizam as ETAR e trabalham no processo de manutenção das mesmas devem ser formados e dotados dos conhecimentos e educação necessários para evitar qualquer tipo de perigo para as pessoas que trabalham com as mesmas e para a comunidade em geral.

2.7. Aspectos económicos do tratamento de águas residuais

A WWT é muito económica para os países que enfrentam uma crise de disponibilidade e escassez de água. Ao tratar a água residual a nível doméstico, pode reciclar e poupar muita água que é utilizada para fins profissionais, como a lavagem, a limpeza e a jardinagem.

2.7.1. Benefícios financeiros do tratamento de águas residuais

Ao considerar os benefícios financeiros da WWT, há muitos que podem ser vantagens para a sociedade e para a comunidade. De seguida, apresentam-se alguns dos benefícios financeiros da WWT,

❖ A construção e a manutenção das instalações da WWT têm um impacto direto nas finanças dos proprietários das casas da comunidade. Mesmo que lhes seja cobrada uma pequena quantia de dinheiro a título de impostos, este valor é insignificante quando se consideram os benefícios financeiros e as vantagens dos mesmos.

❖ Quando estas estações de tratamento não são instaladas, o valor patrimonial dos terrenos e das casas diminui drasticamente. Isto acontece devido às seguintes razões.

❖ Odor e mau cheiro - Os processos de tratamento de águas residuais emitem muito odor e cheiros desagradáveis. Estes espalham-se pela comunidade, tornando a área circundante desagradável, reduzindo assim o valor dos terrenos e das casas.

❖ Aumento de pragas e insectos - Devido ao mau cheiro e aos constituintes dos resíduos e das águas residuais, gera-se uma grande quantidade de insectos e pragas que causam muitas doenças e problemas de saúde à comunidade.

❖ Os sistemas de esgotos são desagradáveis e também difíceis de gerir.

"A WW é económica e boa em países em desenvolvimento como a Índia, mas pode ainda não o ser na Austrália, uma vez que as pessoas não estão inclinadas a concentrar-se no conceito atualmente." (Devi et al, 2007)

A afirmação acima mostra que, apesar de a utilização de água residual tratada ser comum e praticada em alguns países, ainda há países que não praticam este método de poupança de água. Tal pode dever-se a aspectos sociais e de saúde. Pode também dever-se ao desconhecimento das pessoas e da comunidade.

2.8. Utilização de águas residuais tratadas

Ao considerar as utilizações da água residual tratada, existem muitas formas de a utilizar. Algumas delas podem ser resumidas da seguinte forma,

√ A WW tratada pode ser utilizada para fins de limpeza, como a lavagem de artigos e utensílios de cozinha, roupas e materiais.

√ Para fins como, por exemplo, jardinagem, parques públicos e agricultura. (Como ilustrado na figura 2.5)

√ É utilizado para fins de irrigação de campos de golfe e para a criação de lagos e lagoas artificiais.

√ As águas residuais bem tratadas podem ser utilizadas para fins como a mistura de betão e para fins de construção.

√ A água que foi submetida a um método de tratamento avançado também pode ser utilizada para beber.

Figura 2.5 - Águas residuais tratadas para irrigação

Existem apenas algumas directrizes disponíveis sobre o modo como a água residual pode ser utilizada. O nível de contaminação deve ser reduzido, a saúde básica dos consumidores não deve ser perturbada e devem ser disponibilizados dados e planeamento a longo prazo quando se utiliza água residual tratada para fins de plantação e irrigação.

Há muitas maneiras de utilizar a água tratada. Isto também pode minimizar a escassez de água que o Sri Lanka enfrenta atualmente. Se as empresas que constroem as ETARs oferecerem um preço razoável para as mesmas, as ETARs podem ser desenvolvidas e patrocinadas.

Capítulo 03 - Abordagem de investigação

Metodologia

As metodologias utilizadas para a realização da investigação são as seguintes

√ **Metodologia 1 - Revisão da literatura**

√ **Metodologia 2 - Realização de um inquérito por questionário**

√ **Metodologia 3 - Realização de entrevistas com pessoas relevantes envolvidas no terreno**

As metodologias foram postas em prática de modo a produzir uma boa investigação sobre a importância e os aspectos socioeconómicos do WWT. Os dados para a revisão da literatura foram recolhidos em revistas, artigos de investigação publicados e não publicados e informações de pessoas relevantes no domínio da água e do WWT.

Os dados recolhidos a partir do inquérito por questionário foram posteriormente analisados utilizando técnicas de análise / métodos estatísticos adequados.

Foram realizadas entrevistas com as respectivas pessoas no domínio da água e da WWT. Estas entrevistas foram efectuadas cara a cara e em linha. Foram obtidos muitos factos e números importantes através das mesmas.

Capítulo 04 - Recolha de dados

4.1. Dados obtidos a partir do inquérito por questionário

Foram distribuídos 30 questionários e 27 foram devolvidos. Estes questionários foram utilizados para efeitos de análise.

4.2. Dados obtidos nas entrevistas

Devido à disponibilidade de tempo das respectivas pessoas no domínio da WWT, apenas foi realizada uma conversa telefónica e uma entrevista em linha para obter mais informações sobre o tema da dissertação.

4.2.1. A entrevista presencial

A conversa telefónica foi realizada com um Engenheiro Químico. Os seus dados são os indicados na figura 4.1,

Seguem-se as perguntas e os pormenores que foram discutidos Pergunta 01:

Qual é a sua experiência relacionada com o WWT?

Resposta / Discussão

Sou licenciado em BSc. Engenharia (Honras) da Universidade de Moratuwa, concluída no ano de 2012; estou a especializar-me em Engenharia Química e de Processos. Atualmente dirijo a Divisão de Água da Lalan Engineering e estou também envolvido em muitas instalações de água e WWT.

Pergunta 02:

O que é a WW e a WWT?

Resposta / Discussão

WW é a água que já foi utilizada uma vez e é inadequada para utilização sem qualquer tratamento. A ETAR é o processo de tratamento da água residual. Este processo tem algumas etapas e a água residual que passa por estas etapas pode ser utilizada para fins como a limpeza, a jardinagem e a lavagem. As etapas do WWT são as seguintes

1ª Etapa - Rastreio

2nd Passo - Remoção de grão

3rd Passo - Escumação de óleo

4th Passo - Equalização

5th Etapa - Tratamento anóxico

6th Etapa - Tratamento tóxico (aeróbio)

7th Etapa - Clarificador

8th Passo - Filtro de areia rápido

9th Passo - Filtro de carvão ativado

É um processo simples e existem muitas empresas e organizações que efectuam o WWT. Se alguém quiser ir para o nível de tratamento avançado, isso também pode ser feito.

Pergunta 03:

Do seu ponto de vista, a WWT é realmente económica?

Resposta / Discussão

WWT é o processo que tem lugar para tratar a água que já foi utilizada e colocá-la num estado em que pode ser utilizada novamente. É como utilizar um saco de polietileno mais do que uma vez. Não temos de pagar novamente pela água que utilizamos após o tratamento. Assim, vemos que a WWT é muito económica.

Pergunta 04:

Do seu ponto de vista, a WW tem algum impacto social?

Resposta / Discussão

Claro que sim. Como sabem, o mundo está a passar por um grave problema de escassez de água. Há países que não têm água de todo. Por conseguinte, poupar água desta forma tem um grande impacto social em todo o mundo. Muitos países tornaram uma prática comum a utilização de água tratada para muitas das suas necessidades. E se a água tratada for tratada com antecedência, então é considerada água potável e pode ser utilizada para fins de consumo. Mas há um pequeno grupo de pessoas, mesmo no Sri Lanka, que está relutante em utilizar a água duas vezes. Isto pode dever-se a crenças e pensamentos sociais. Ou podem ser questões de saúde que os estão a incomodar.

Pergunta 05:

Do seu ponto de vista, quais são os impactos na saúde da WW e da WWT?

Resposta / Discussão

No que diz respeito aos impactos na saúde, muitas pessoas da comunidade têm medo de utilizar a WW tratada, mesmo depois de esta ter sido submetida a todos os tratamentos necessários. Isto deve-se às questões e problemas de saúde de que têm medo. Mas os testes efectuados mostraram que as águas residuais que foram submetidas a tratamentos básicos são adequadas para fins como a lavagem, a limpeza e a jardinagem, enquanto as águas residuais que foram submetidas a tratamentos avançados são adequadas para fins de consumo. Mas ainda assim, no Sri Lanka, a maioria das pessoas tem relutância em utilizar esta água. Este é o problema que a maioria de nós está a enfrentar.

Pergunta 06:

Finalmente, tem alguma coisa de importante a dizer sobre este assunto?

Resposta / Discussão

Como engenheiro químico e responsável pela gestão da WWT, tudo o que posso dizer é que todos nós devemos trabalhar no sentido de poupar água e utilizar da melhor forma os recursos hídricos de que dispomos, para que as nossas gerações futuras não sofram devido à falta de água potável. Enquanto empresas e organizações, todos nós devemos trabalhar arduamente para promover e desenvolver o tratamento da água.

4.2.2. A entrevista em linha

Segue-se uma entrevista realizada em linha, via correio eletrónico. O nome do entrevistado é mantido.

A entrevista em linha pode ser resumida da seguinte forma,

Questão 01:

Qual é a sua formação no domínio da engenharia e da WWT?

Resposta / Discussão

Estou a fazer a minha investigação de mestrado sobre a mitigação de pesticidas em zonas húmidas construídas

Pergunta 02:

O que é a WW e a WWT?

Resposta / Discussão

WW - água que deteriorou a sua qualidade devido a explorações domésticas, industriais, agrícolas, etc.

WWT - melhoria da qualidade da água com vista à sua descarga em ecossistemas naturais ou à sua reutilização, por meios biológicos, químicos e físicos

Pergunta 03:

Do seu ponto de vista, a WWT é realmente económica?

Resposta / Discussão

Sim

Pode ter interesses económicos a longo prazo devido a possíveis reduções de custos de recuperação de locais poluídos, controlo de doenças, custos de purificação de água potável, etc

Pergunta 04:

Do seu ponto de vista, a WW tem algum impacto social?

Resposta / Discussão

Sim

As águas residuais podem prejudicar a segurança pública da água, dando origem a agitação social numa determinada localidade

Pergunta 05:

Do seu ponto de vista, quais são os impactos na saúde da WW e da WWT?

Resposta / Discussão

Podem ocorrer doenças agudas devido à ingestão de água poluída

Doenças transmitidas pela água e problemas relacionados com os vectores de doenças conexos (mosquitos)

Impactos crónicos indefinidos na saúde devido à exposição a longo prazo a WW

Pergunta 06:

Finalmente, tem alguma coisa de importante a dizer sobre este assunto?

Resposta / Discussão

A WWT é uma necessidade. No entanto, a seleção de uma tecnologia deve ser cuidadosamente avaliada, tendo em conta a viabilidade técnica, os custos envolvidos, o grau de purificação exigido, as implicações a longo prazo e os efeitos secundários do tratamento

4.3. Dados obtidos nas visitas aos sítios

O Anexo 1 contém duas propostas de projeto preparadas por uma empresa bem conhecida que constrói ETAR no Sri Lanka. Trata-se de um documento pormenorizado que pude recolher durante uma visita ao local. Destaca o tipo de ETAR, bem como a estimativa para a sua construção.

Capítulo 05 - Análise e discussão dos dados

5.1. Análise dos dados obtidos no inquérito por questionário

Foram distribuídos trinta (30) questionários, dos quais 27 foram preenchidos e devolvidos para análise. O Anexo 04 apresenta um resumo dos dados obtidos a partir do inquérito por questionário.

O Anexo 05 apresenta os cálculos estatísticos dos dados recolhidos durante o inquérito por questionário.

5.1.1. Valor médio para cada secção

Os valores médios calculados para as quatro secções situam-se no intervalo de 9 a 11. É ilustrado na figura 5.1. Estes valores são relativos a vinte (20), que é a nota máxima que se pode obter em cada secção.

Estes valores revelam que o grau de conhecimento e compreensão que a comunidade tem relativamente à WW e à WWT não é nem demasiado nem pouco.

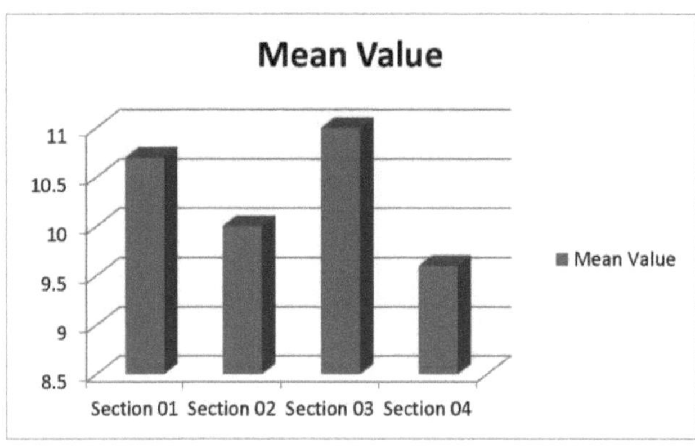

Figura 5.1 - Valor médio

Recomendações

Recomenda-se que sejam realizados mais programas de sensibilização sobre WW e WWT na comunidade, de modo a tornar este sistema mais popular. Também pode ser incorporado no currículo das crianças em idade escolar, para que aprendam os princípios básicos e a importância do mesmo e, assim, implementem estas práticas.

5.1.2. Desvio-padrão para cada secção

O desvio padrão é a raiz quadrada da variância. O desvio padrão de um determinado conjunto de dados dá uma ideia sobre se os pontos de dados estão próximos ou desviados do valor médio. Os valores obtidos para esta investigação são todos inferiores a 3,5. Conclui-se, portanto, que os dados obtidos tendem a estar próximos dos valores médios de cada secção. As figuras 5.2, 5.3, 5.4 e 5.5 ilustram a distribuição dos dados de cada secção. Estas mostram que a relação entre os valores/notas obtidos por cada respondente dentro de cada secção não tem uma relação estreita. Assim, analisando os dados da seguinte forma, conclui-se que os inquiridos têm diferentes níveis de conhecimento sobre WW e WWT.

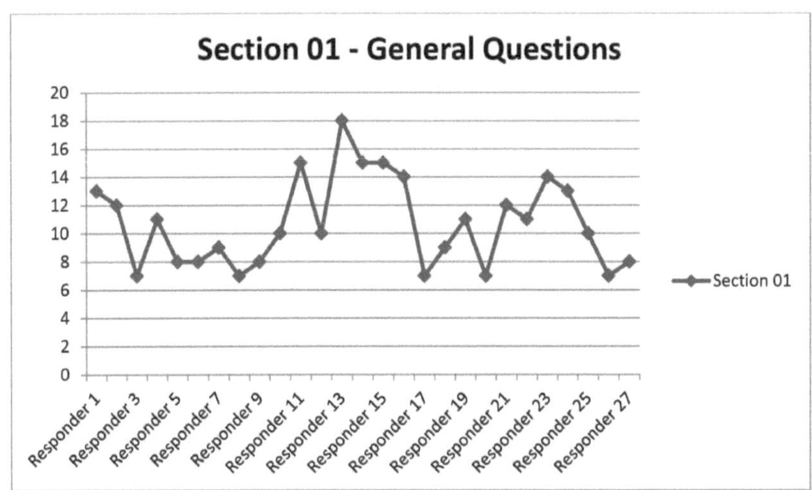

Figura 5.2 - Secção 01

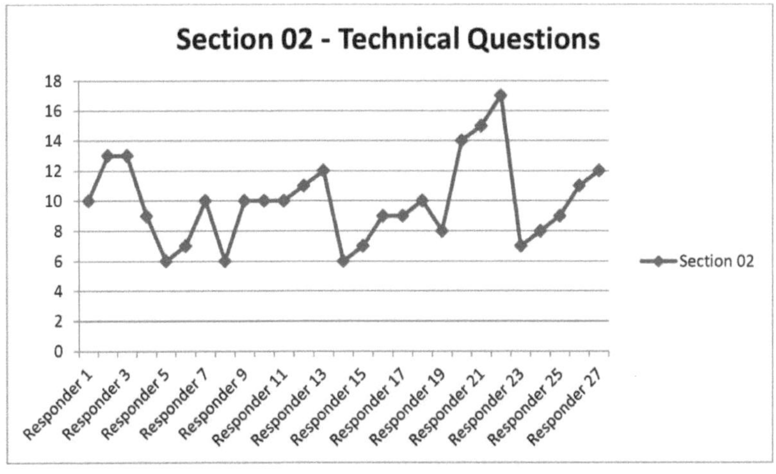

Figura 5.3 - Secção 02

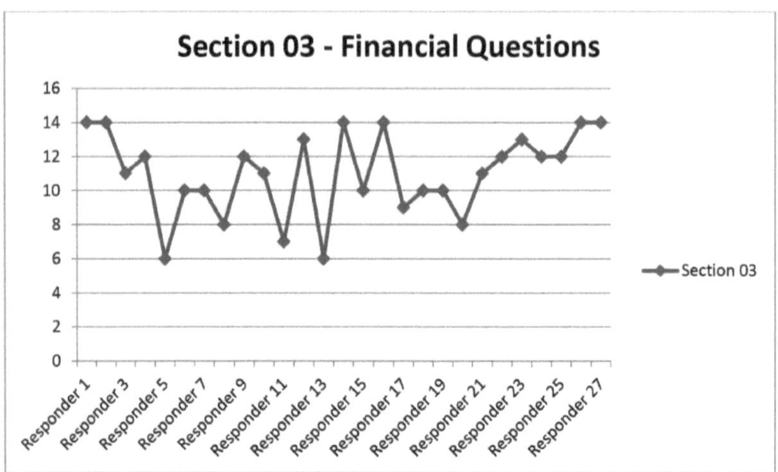

Figura 5.4 - Secção 03

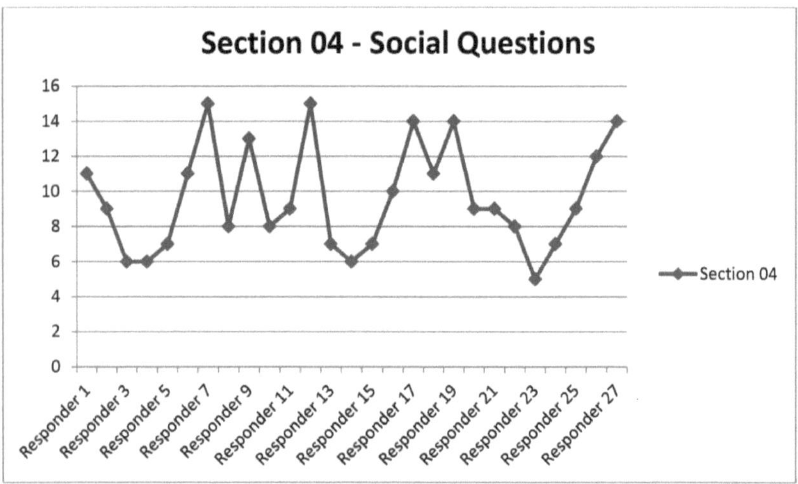

Figura 5.5 - Secção 04

5.1.3. Valor mediano para cada secção

O valor mediano de uma determinada amostra de dados é o valor médio (como mostra a figura 5.6). Isto facilita ao analisador de dados a compreensão do intervalo em que os dados estão distribuídos. Os valores medianos também se encontram no mesmo intervalo que os valores médios.

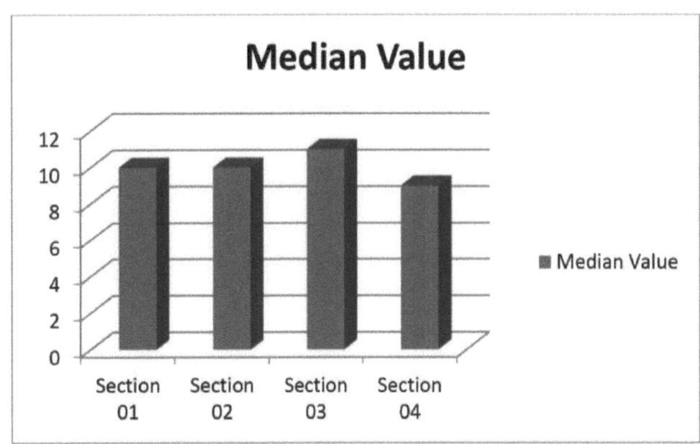

Figura 5.6 - Valor Mediano

Discussão sobre os valores médios e medianos

Os valores médios e medianos obtidos para as quatro secções são os representados na Tabela 5.1. Nas secções 02 e 03, os valores médios e medianos são ambos iguais. Isto acontece porque a distribuição dos dados é simétrica, como numa distribuição normal, e nas outras duas secções os valores são diferentes, mas semelhantes, porque a distribuição das notas é aproximadamente simétrica.

Tabela 5.1 - Valores médios e medianos (n = 27)

Secção	Valor médio	Valor mediano
01	10.7	10
02	10	10
03	11	11
04	9.6	09

5.1.4. Valor do modo para cada secção

O valor da moda para este conjunto de dados é, respetivamente, 7, 10, 14 e 9. A Figura 5.7 ilustra este facto. A maioria dos inquiridos obteve estas classificações nas quatro secções. Por conseguinte, entende-se que, apesar de não terem um conhecimento alargado sobre WW e WWT, estão dispostos a aprender mais e também a ajudar na sua implementação. Este facto pode ser considerado como um ponto positivo para o futuro deste sector.

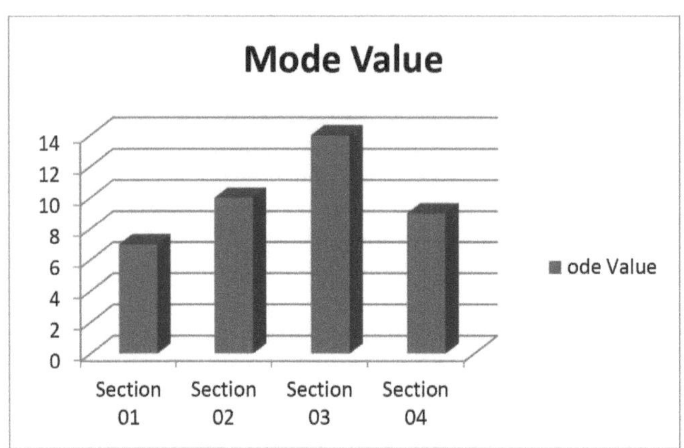

Figura 5.7 - Valor do modo

Alcance de cada secção

O intervalo de cada secção representa a área em que se distribuem as notas obtidas pelos inquiridos. A maior parte das classificações situa-se no intervalo de 10 a 11.

5.1.5. Análise das pessoas que responderam à distribuição do questionário

O rácio foi distribuído da seguinte forma: 55% de pessoas com formação em engenharia e 45% de pessoas sem formação em engenharia. (Conforme representado na figura 5.8)

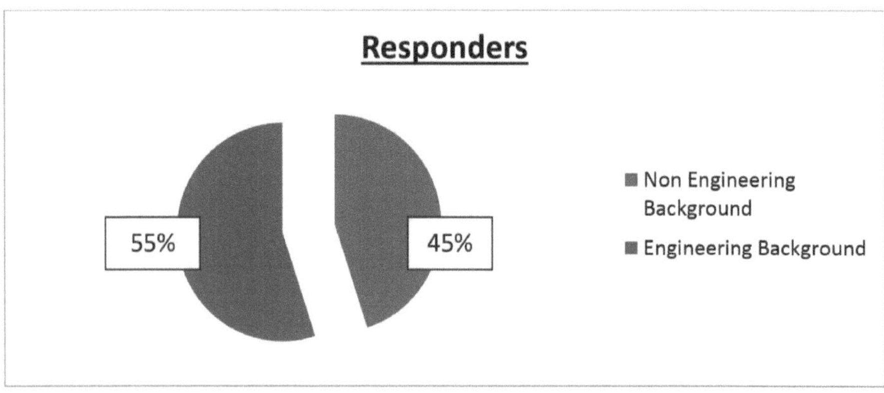

Figura 5.8 - Análise dos dados dos inquiridos

Discussão

O questionário, elaborado de acordo com as directrizes, foi distribuído através dos seguintes meios,

34

- Correio eletrónico

- Passar a mão

- Correio

A WW e WWT é uma área mais familiar para os engenheiros e pessoas relevantes no terreno do que para as pessoas da comunidade que não são engenheiros.

5.1.7. Análise dos dados em função das notas obtidas

As classificações obtidas são categorizadas de acordo com a figura 5.9.

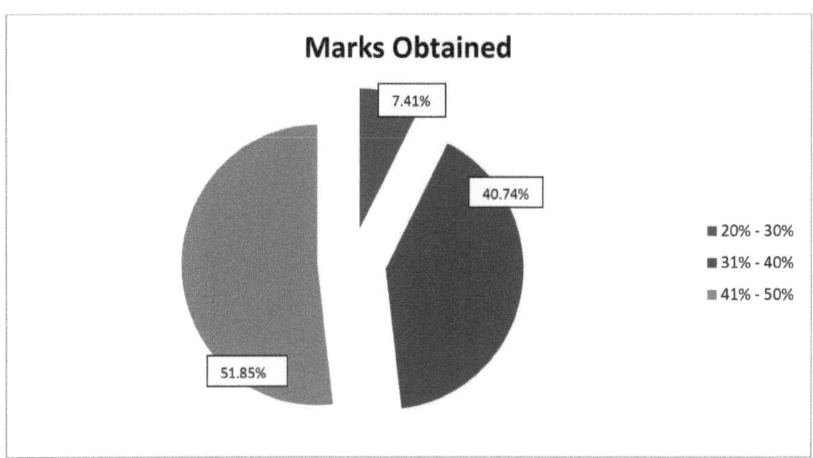

Figura 5.9 - Análise dos dados relativos às classificações obtidas

Discussão

A partir dos resultados obtidos com o inquérito por questionário, identifica-se que a maioria dos inquiridos se situa entre 41% e 50%. Isto pode ser resumido da seguinte forma,

J As pessoas da comunidade têm um conhecimento rudimentar/limitado sobre WW e WWT

J *Não têm* um conhecimento muito vasto da WWT e das suas vantagens

J Estão dispostos a aprender mais sobre o assunto

J Não estão relutantes em pagar uma pequena quantia de dinheiro pela construção e manutenção de ETARs

5.1.8. Análise dos dados gerais (secção 01)

As classificações obtidas para a Secção 01 - Secção "Dados gerais" são as indicadas na figura 5.10.

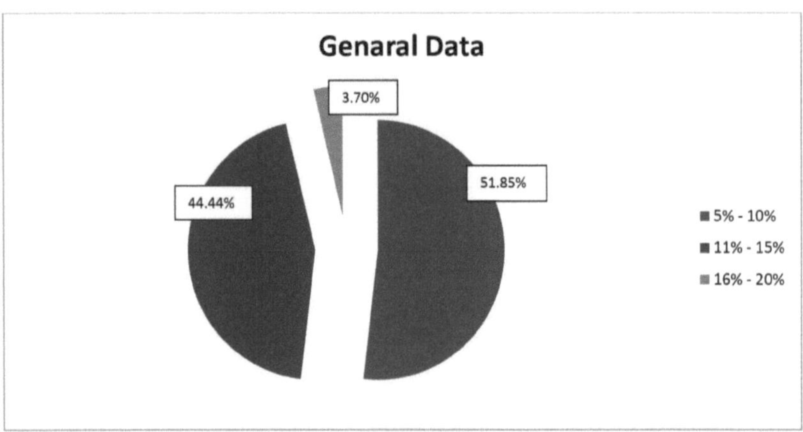

Figura 5.10 - Análise dos dados gerais

Discussão

Mais de 50% das notas dos inquiridos situavam-se no intervalo de 5% a 10%. Isto mostra que a maioria dos inquiridos não tem conhecimento do tratamento de águas residuais e das suas utilizações. Os conhecimentos que possuem são limitados e pouco abrangentes. Esta questão pode ser resolvida através da realização de programas de sensibilização sobre WW, WWT e reutilização de WW tratada.

5.1.9. Análise dos dados técnicos (secção 02)

As classificações obtidas na Secção 02 - Secção "Dados técnicos" são as indicadas na figura 5.11.

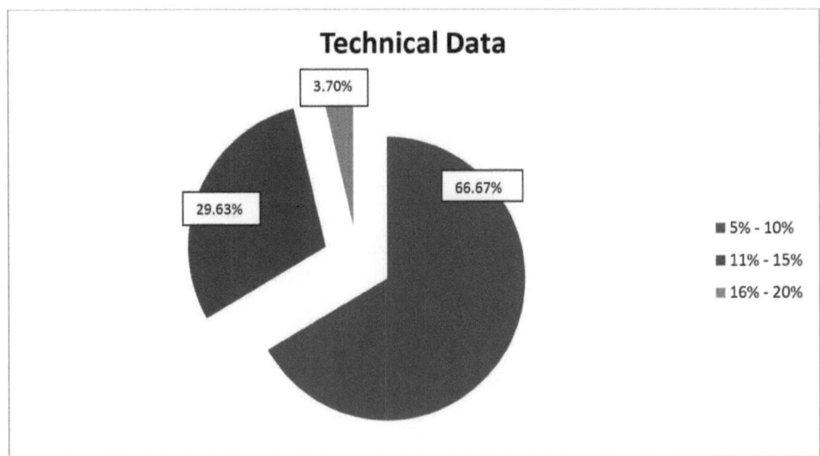

Figura 5.11 - Análise dos dados técnicos

Discussão

O gráfico mostra que mais de 50% dos inquiridos receberam classificações dentro do limite de 5% a 10%. Isto revela que têm conhecimentos sobre esta área de estudo, mas que estes são limitados. Também se pode ver que estão interessados em aprender mais sobre a área de estudo e, assim, desenvolver os seus conhecimentos sobre a mesma. Este facto revela um impacto positivo no domínio da água e da WWT.

5.1.10. Análise dos dados financeiros (secção 03)

As classificações obtidas na Secção 03 - Secção "Dados financeiros" são as indicadas na figura 5.12.

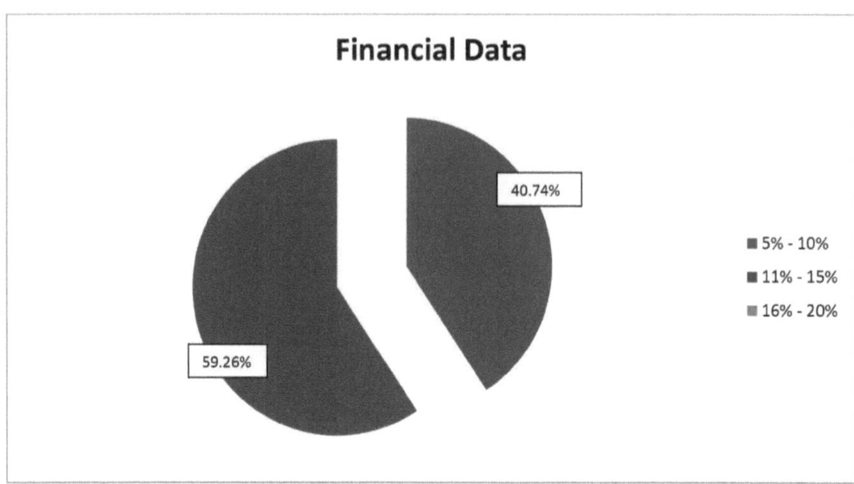

Figura 5.12 - Análise dos dados financeiros

Discussão

Cerca de 40% dos inquiridos estão conscientes da influência financeira do tratamento de águas residuais e da utilização de águas residuais tratadas. A nível financeiro, existem muitas vantagens que podem ser obtidas através da implementação de uma estação de tratamento de águas residuais e da utilização de águas residuais tratadas. Estas vantagens devem ser realçadas quando se fornece conhecimento à comunidade sobre a área de estudo.

5.1.11. Análise de dados sociais (secção 04)

A classificação obtida na Secção 04 - Secção "Dados sociais" é apresentada na figura 5.13.

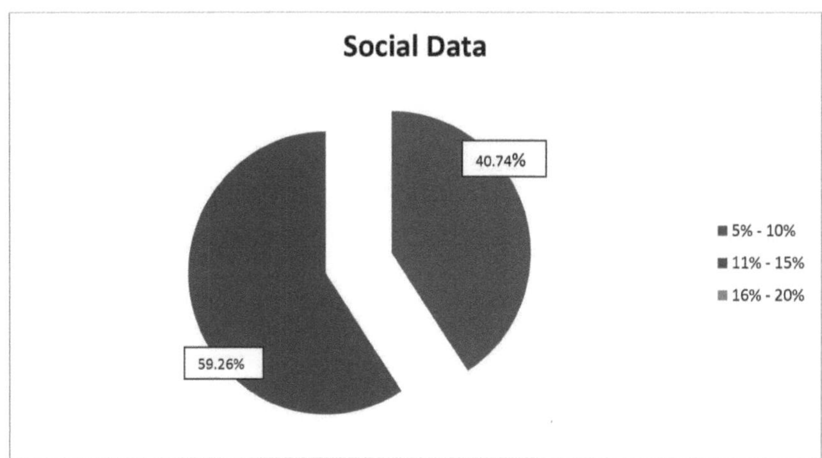

Figura 5.13 - Análise dos dados sociais

Discussão

Cerca de 40% dos inquiridos que responderam ao questionário mostraram interesse em ter estações de tratamento e em utilizar águas residuais tratadas, a fim de poupar a água que é desperdiçada todos os dias. Isto deve ser mais desenvolvido e, por conseguinte, a utilização de água residual tratada deve ser popularizada. As ideias e sugestões dos inquiridos revelam o seu nível de aceitação em relação ao tratamento e utilização da água residual tratada.

5.2. Análise dos dados obtidos na revisão da literatura e nas entrevistas

J *Uma* situação de saneamento sustentável tem grandes impactos no ambiente, na saúde, na economia e na vida social do país. Um ambiente mais limpo resulta em pessoas mais saudáveis, que dispõem de mais tempo e energia para o desenvolvimento do país (Gamini, 2013). O Sri Lanka é um país em desenvolvimento, o que é considerado um fator importante, uma vez que o país necessita de muita mão de obra para as obras de construção e desenvolvimento que está a realizar atualmente.

J 40% da população do Sri Lanka tem acesso ao abastecimento de água e mais de 59,4% dependem de fontes de água como poços, poços tubulares, riachos e rios e, destes, cerca de 10% dependem de fontes de água não protegidas (Gamini, 2013). Esta afirmação revela-nos que existe uma crise de água no país e que devem ser desenvolvidos mais sistemas de tratamento para responder a esta necessidade.

J Todas as comunidades precisam de tratar e purificar a água residual antes de esta ser libertada para o ambiente, uma vez que pode causar graves problemas de saúde e ambientais. A água residual não tratada pode provocar doenças e até mesmo a morte.

J De acordo com a fonte, a Autoridade Central do Ambiente, o Sri Lanka produz 30 milhões de metros cúbicos de WW por ano.

J Afirma ainda que cerca de dez por cento deste WW é descarregado no ambiente sem qualquer tratamento. Isto é feito principalmente por fabricantes de pequena escala que estão a operar no Sri Lanka sem qualquer licença.

J O Sri Lanka construiu estações de tratamento de águas residuais nos principais parques industriais: Biyagama, Seethawaka, Horana e Greater Colombo. Estas instalações têm capacidade para tratar água até 11 milhões de metros cúbicos de águas residuais por ano. (Fonte: Autoridade Central do Ambiente)

J Foi introduzido um método de tratamento de baixo custo na criação de porcos, que está interligado com uma central de biogás e um canavial. As lamas produzidas por estas instalações são utilizadas como estrume, o que valoriza o sistema. Outro método de baixo custo são as lagoas de estabilização que são utilizadas nas indústrias alimentares. (Jayalal e Niroshani, 2014)

De acordo com os dados recebidos das respectivas pessoas no terreno que foram entrevistadas, consegui recolher muitos dados sobre WW e WWT.

Seguem-se alguns dos pontos-chave que foram destacados durante as entrevistas efectuadas.

J WW é água que foi utilizada uma vez e que é imprópria para utilização sem qualquer tratamento.

J WW é a água que deteriorou a sua qualidade devido a explorações domésticas, industriais, agrícolas, etc.

J WWT é o processo de tratamento da WW.

J Tratamento de águas residuais - melhoria da qualidade da água com vista à sua descarga em ecossistemas naturais ou à sua reutilização, por meios biológicos, químicos e físicos

J É um processo simples e há muitas empresas e organizações que fazem WWT.

J Podem ocorrer doenças agudas devido à ingestão de água poluída

J Não temos de pagar novamente pela água que utilizamos após o tratamento. Assim, vemos que a WWT é muito económica.

J Claro que sim. Como sabe, o mundo está a passar por um grave problema de escassez de água. Há países que não têm água de todo. Por conseguinte, poupar água desta forma tem um grande impacto social em todo o mundo.

J Mas há um pequeno grupo de pessoas, mesmo no Sri Lanka, que estão relutantes em utilizar a água duas vezes. Isto pode dever-se ao pensamento e às crenças sociais. Ou podem ser questões de saúde que os estão a incomodar.

J Mas os testes demonstraram que as águas residuais que foram submetidas aos seus tratamentos básicos são adequadas para fins como a lavagem, a limpeza e a jardinagem, enquanto as águas residuais que foram submetidas aos tratamentos avançados são adequadas para fins de consumo.

J Todos nós devemos trabalhar para poupar água e utilizar da melhor forma os recursos hídricos de que dispomos, para que as nossas gerações futuras não sofram devido à falta de água potável.

Os pormenores acima referidos mostram que existem muitas desvantagens e problemas devidos à falta de tratamento da água residual na sociedade e também que se podem obter muitos aspectos sociais, económicos e de saúde tratando a água residual e utilizando-a para fins como a lavagem, a limpeza e o consumo (se tiver sido submetida a um tratamento avançado)

5.3. Análise dos dados obtidos nas visitas aos sítios

O anexo apresenta duas propostas pormenorizadas que foram preparadas para serem apresentadas a duas empresas que necessitam de ETAR.

Seguem-se alguns dos principais pontos destacados da proposta

As águas residuais das localizações 1 e 2 serão tratadas em conjunto e a localização 3 identificou a necessidade de um método de tratamento diferente para tratar os efluentes, pelo que propusemos um sistema de tratamento diferente para tratar os mesmos.

J Além disso, 50 a 60% das águas residuais tratadas podem ser reutilizadas para actividades de lavagem de veículos (especificadas) após diluição com água doce.

J A estação de tratamento deve estar em conformidade com os limites de tolerância da Autoridade Central do Ambiente (CEA) para as águas superficiais interiores.

J As características típicas do afluente são as indicadas no Quadro 5.2.

Tabela 5.2 - Características do Influente

Não.	Parâmetros	Valores
1	pH	3-4
2	Sólidos suspensos (mg/l)	100-200
3	CBO (5 dias 20^0 C) mg/l	50-250
4	CQO (mg/l)	100-500

Características da água tratada proposta

O efluente tratado está planeado para ser descarregado com as características inferiores às indicadas no Quadro 5.3.

Tabela 5.3 - Características do Efluente

Não.	Parâmetros	Valores
1	pH	6.5-8
2	Sólidos suspensos (mg/l)	< 50
3	CBO (5 dias 20^0 C) mg/l	<30
4	CQO (mg/l)	< 250

A Tabela 5.2 mostra que os parâmetros da água da ETAR não são adequados e são perigosos para a saúde humana. Esta empresa constrói a ETAR de modo a tornar os parâmetros da água adequados (como mostra a Tabela 5.3) para utilizações como a lavagem e a limpeza. O custo gasto na construção da ETAR pode ser recuperado quando o consumo de água diminuir devido à utilização da água tratada da ETAR.

Capítulo 06 - Conclusão

6.1. Recomendações

Propõe-se recomendar o seguinte,

S Há muitos impactos negativos da água suja e da água da WW, pelo que,
antes de ser libertada para o ambiente, deve ser limpa e tratada

S Devem ser levados a cabo programas de sensibilização e a comunidade deve ser
educada sobre os impactos devidos à sujidade / WW

S A ETAR existente deve ser mantida de forma adequada

S O ambiente não deve ser sobrecarregado com água não tratada

S Deve ser feita mais investigação sobre os impactos socioeconómicos e de saúde da
WW e devem ser implementados programas de desenvolvimento de modo a satisfazer as
necessidades existentes e em evolução das pessoas

6.2. Limitações

A WWT é uma área vasta em que existe investigação contínua. As principais limitações
desta dissertação são as seguintes,

- O inquérito por questionário visava apenas os ocupantes das zonas urbanas

- Não foram efectuados ensaios laboratoriais sobre as características do WW devido à
sua complexidade e à falta de acesso a instalações para o efeito. Assim, os dados
registados na literatura relativos aos ensaios foram incorporados nesta dissertação.

- Devido à limitação de tempo, apenas foram visitados sítios de uma empresa WWT.

- Centra-se apenas num aspeto da proteção da água existente. Mas há muitas outras
opções disponíveis e eu continuo a minha investigação nessas áreas também (por
exemplo: recolha de água da chuva)

6.3. Conclusão

Esta investigação identifica a importância e os aspectos socioeconómicos do tratamento
das águas residuais. Isto é muito necessário no contexto atual, uma vez que o mundo
inteiro está a enfrentar uma crise devido à falta de água doce consumível.

Esta investigação tem como objetivo investigar e realizar uma pesquisa na comunidade
sobre o seu nível de aceitação do tratamento de águas residuais e os seus
conhecimentos sobre o mesmo. Dos 45% da comunidade sem formação em engenharia

que entrevistámos, a maioria desconhecia o tratamento de águas residuais e as consequências de ter águas residuais não tratadas.

Atualmente, existe um grande potencial para a água e a WWT. Por conseguinte, esta investigação pode ser considerada como um tema adequado que deve ser tomado em consideração e que deve ser prioritário atualmente.

Gostaria de concluir esta dissertação dizendo,

Atualmente, não compreendemos a importância da WWT, uma vez que damos por garantida a água que sai da torneira, mas em breve nos aperceberemos da sua importância, uma vez que muitos países e sociedades sofrem devido à falta de água limpa e portátil".

Lista de referências e bibliografia

J ABDOU, M.H.M. (2007). Impactos na saúde dos trabalhadores em estações de tratamento de águas residuais na cidade de Jeddah, Arábia Saudita

J ATHUKORALA, S.W, WEERASINGHE, L.S, JAYASOORIA, M, RAJAPAKSHE, D, FERNANDO, L, RAFFEEZE, M, MIGUNTANNA, N.P (2013) Análise da variação da qualidade da água no rio Kelani, Sri Lanka, utilizando a análise de componentes principais.

J AWALEH, M e SOUBANEH, Y. (2014). Tratamento de Águas Residuais em Indústrias Químicas: O Conceito e as Tecnologias Actuais

J CAREY, Richard e MIGLIACCIO, Kati (2009). Contribuição dos efluentes das estações de tratamento de águas residuais para a dinâmica dos nutrientes nos sistemas aquáticos: A Review

J CARTER, R.C, TYRELL, S.F e HOWSAM, P. (1999). Impact and Sustainability of Community Water Supply and Sanitation Programmes in Developing Countries (Impacto e Sustentabilidade dos Programas Comunitários de Abastecimento de Água e Saneamento nos Países em Desenvolvimento).

J DEVI, M. G., DAVIDSON, B., e BOLAND, A.M. (2007). Economics of Wastewater Treatment and Recycling: An Investigation of Conceptual Issues (Uma Investigação de Questões Conceptuais)

J GAMINI, P.H.S. (2013). Desafios no Sector da Água e no Sector das Águas Residuais

J GLEICK, P.H. (2002). Dirty Water: Estimativa de mortes por doenças relacionadas com a água 2000-2020

J HUSSAIN, I, ABAYAWARDANA, S, (2002). Water, health and Poverty Linkages: A Case study from Sri Lanka.

J JAYALAL, T.B.A e NIROSHANI, S.L.N. (2014). Produção, tratamento e utilização de águas residuais no Sri Lanka

J JHANSI, Seetharam e MISHRA, Santosh (2013). Tratamento e reutilização de águas residuais: Opções de Sustentabilidade

J KUMAR, K. S., KUMAR, P. S. e BABU, M.J.R. (2010). Avaliação do desempenho de uma estação de tratamento de águas residuais

J OZEROL, G e GUNTHER, D (2005). The Role of Socio-Economic Indicators for the Assessment of Wastewater Reuse in the Mediterranean Region (O papel dos indicadores socioeconómicos na avaliação da reutilização de águas residuais na região mediterrânica)

J SIVARAJAH, P. (2O13). Availability and Access to Portable Water in 'Post Conflict' regions in Sri Lanka (Disponibilidade e acesso a água portátil em regiões "pós-conflito" no Sri Lanka).

J OUTWATER, A.H, PAMBA, S e OUTWATER, A.B, (2013). Doenças relacionadas com a água de pessoas que utilizam águas residuais municipais: Riscos, exposição, controlo; abordagens e efeitos na saúde na Tanzânia.

J GAMINI, P.H.S, (2013), Desafios no sector da água e das águas residuais

J Metcalf e Eddy, Wastewater Engineering and Reuse.

Printed by Books on Demand GmbH, Norderstedt / Germany